U0333843

秦岭四宝丛书

羚牛

陈旭 著

世界图书出版公司

西安 北京 上海 广州

特别鸣谢

感谢魏辅文院士对本书的推荐 ！

感谢陈建伟教授对本套丛书的审读 、帮助！

感谢蔡琼、高延钧、向定乾、熊柏泉、赵纳勋、赵鹏鹏等保护区工作者和摄影师为本套丛书提供大批珍贵照片！

秦 岭： 珍 稀 生 物 栖 息 的 乐 园

　　秦岭是横贯中国腹地的一条重要山脉，是中国地理的重要标识。它是中国南北地理、气候、物种的分界线，是黄河和长江的分水岭。秦岭处在东亚地区北亚热带和暖温带交界地带，是中国生物多样性最丰富的区域之一，也是世界许多珍稀濒危物种唯一或重要的栖息地。

　　物种是生态系统的基本建构单元，是生态系统稳定和服务功能维持的基础。生态系统结构和功能的变化，首先反映在物种的种群数量和空间分布变化等多个方面。秦岭的生态系统、物种及遗传的多样性，均具有非常重要的典型性和代表性，在该区域栖息繁衍的许多濒危物种，如大熊猫、金丝猴、扭角羚、朱鹮等，均为我国的旗舰物种。

　　大熊猫是世界上最古老也是最珍稀的物种之一，它已经历了800万年的演化。秦岭大熊猫与四川大熊猫大约在30万年前的倒数第二个冰期分开，具有不同的种群历史和遗传独特性。中国政府和科学家为拯救大熊猫开展了多个层面的保护生物学研究，实施了多项重要的保护工程，如自然保护区建设、大熊猫放归、栖息地廊道建设等工程，取得了良好的保护成效。虽然大熊猫目前仍面临栖息地破碎等环境问题，但总的来看其种群数量在逐渐增长，栖息地面积在逐步扩大。世界自然保护联盟已将其从"濒危"降为"易危"，中国大熊猫保护已经成为世界生物多样性保护的成功范例之一。

陕西秦岭地区已建立了近 30 个自然保护区。而今，它们已被整合成为大熊猫国家公园的一部分，这些秦岭保护的核心区域，为今后的中国乃至世界保存了一份珍贵的动植物种基因。秦岭生态系统中的其他旗舰物种（如金丝猴、扭角羚、朱鹮）也面临长期的生存问题，推动旗舰物种及其赖以生存的生态系统的保护与恢复，是构建国家公园、生态保护红线及生态廊道等生物多样性就地保护工程的有效途径。陕西开展了近 40 年的朱鹮保护工作，被誉为"人类拯救濒危物种史上最成功的范例之一"；陕西与国际、国内各科研机构开展的旗舰物种研究，均走在相关研究领域的前沿。

今天，我非常高兴地看到，陕西一代又一代的秦岭守护者坚持不懈地穿梭在秦岭崇山峻岭之间，努力奋战在拯救秦岭濒危物种的道路上，为保护秦岭生灵做出了重要贡献。未来，期盼他们能一如既往地默默守护这里的山川万物。随着国家对秦岭生态系统的日益重视，以及稳步开展的各项保护行动，我坚信这必将推动秦岭保护事业迈向新台阶，促使秦岭生态文明建设上升到更高水平。

中国科学院院士 魏辅文

序

秦岭：古老物种的庇护所

目前，生物多样性丧失已然是影响全球生态环境安全的九大因素之一 。在《濒危野生动植物种国际贸易公约》中列出的 640 个世界性濒危物种中，中国约占总数的四分之一 。其中，高等野生动物就有 118 种。

秦岭的崇山峻岭是许多古老物种的庇护所。这里是全球 25 个生物多样性关键地区之一，也是中国 14 个生物多样性关键地区之一。秦岭建设有国家级自然保护区 22 个、省级自然保护区 12 个，分布有国家一、二级重点保护动物 80 余种，其中 12 种为国家一级重点保护动物。今天，国家为了整体性保护秦岭、岷山、邛崃山—大相岭、白水江等区域以大熊猫为旗舰物种的众多珍稀物种，成立了大熊猫国家公园，下辖四川、甘肃、陕西三大片区。其中，陕西片区整合了秦岭山中七个大熊猫保护区，这标志着中国的大熊猫保护迎来了一个新的发展机遇。

"致知在格物，物格而后知至。"在这个亟待科学普及生态知识的时代，作者陈旭作为一位自然观察者，悉心写下了这套《秦岭四宝》丛书。该丛书的出版，让世人看到了在距离现代大都市 40 千米的秦岭山野中，依然存在一个生生不息的野性世界。这里有大熊猫、金丝猴、朱鹮、羚牛等动物保护的旗舰物种，也有着多姿多彩的众多其他生灵。它们在人们的呵护下，种群繁衍逐渐壮大，这让人欣喜地看到濒危物种拯救的希望。中国传统文化提倡的人与自然和谐相处、共生共荣，在这里得到了极好的体现。

拯救濒危物种离不开无数默默奉献的自然生态保护工作者和环保人士。我国在野生动物保护研究方面，已在动物编目与资源调查、物种濒危机制探讨、濒危野生动物栖息地恢复与种群复壮、野生动物疫病控制等方面取得了长足进步，为野生动物保护做出了应有的贡献。未来，这些野生动物保护的基础性工作，将继续在中国生态文明建设和生态环境保护的科学决策上发挥重要的作用。

北京林业大学教授、博士生导师

目 录

第一章　山脊灵兽

26　第一节　物种与习性
31　第二节　种群与家族
35　第三节　生存与保护

第二章　生命四季

80　第一节　羚牛的一天
82　第二节　倒春寒
84　第三节　夏季成长
88　第四节　艰难秋冬

第三章　约会光头山

118　第一节　约会常识
123　第二节　药子梁的羚牛乐园

126   第三节   牛背梁盛会

133   第四节   兴隆岭的 12 只羚牛

第四章　流落平川的"牛魔王"

166   第一节   羚牛伤人

170   第二节   与羚牛相处

第五章　羚牛气节

196   第一节   道路开拓者

202   第二节   不爱笼舍，不惧危岩

206   附录　秦岭深处羚牛的部分伴生动物

初生的小羚牛毛呈灰褐色

经过春夏两季，灰褐色毛会逐渐转成乳白色

草色最佳的时候，羚牛洁净的皮毛、灵秀的眼神

吃饱的羚牛为躲避牛虻的骚扰钻进茂密的竹林和灌木丛中，就像一位隐士

牛背梁，斜射的阳光刚好照亮了这只亚成体羚牛的全身

繁茂的植被让羚牛流连忘返

羚牛的回眸，让人感觉到一刹那的温柔

"初生牛犊不怕虎"，亚成体的羚牛充满好奇，
从灌木丛中钻出来观察靠近的人类

入夏后，饱食终日，体力和精力得到极大恢复的雄性羚牛毛皮发亮、膘肥体壮、精神抖擞

秋分时节，一只小羚牛正从高海拔地区向低海拔地区迁移，黄色禾本科植物是大自然为它们准备的食物

青草初长，羚牛昂首雄姿

一只雌性羚牛陶醉般嗅着初夏的空气

在松花竹林中采食竹叶的羚牛

密林中的羚牛感知到了异常，抬高头来嗅闻周围的环境

雄壮威武的它颇有王者气概，它睥睨众生，它是秦岭山脊的主人

一只站岗放哨的羚牛可以清楚地看到方圆一二十里的情形

第　　　一　　　章

山脊灵兽

物种与习性

羚牛，又名扭角羚，俗称"白羊"，是亚洲的特有物种，分为指名亚种、不丹亚种、四川亚种和秦岭亚种。在我国，羚牛主要分布在陕西、四川、甘肃、云南、西藏等地的高海拔地带的山林里，其中四川亚种和秦岭亚种是我国特有的羚牛亚种。

羚牛在全球分布范围小、数量少，是世界公认的珍稀动物之一。世界自然保护联盟（IUCN）将我国特有的两个羚牛亚种列入珍稀级保护动物名录，我国政府也将羚牛列为国家一级重点保护动物。羚牛是一种形态上界于牛和羊之间的大型珍稀动物，居于牛科羊亚科，分类上近于寒带羚羊。它们体形粗壮如牛，性情粗暴也像牛，但是头小尾短，又像羚羊，故名羚牛。

雌雄羚牛均有似牛的犄角，成体的角从头部翻转向外侧伸出，然后折向后方，角尖向内，呈扭曲状，故又称"扭角羚"。羚牛的吻鼻部裸露，并以一明显的鼻中缝分开，前额隆起。它尾短，四肢强健，前肢特别发达，肩高大于臀高。分布在秦岭山中的秦岭亚种，是羚牛四个亚种中体形最大的群体，成年秦岭羚牛体长 2.1 米，肩高 1.5 米左右，约重 300 千克。秦岭羚牛的小崽毛色是灰褐色，亚成体和成年母牛多为乳白色，而成年雄性羚牛通体毛色金黄或棕黄，长相最为威武、美丽，学者们又称它们是"金毛羚牛"或"金毛扭角羚"。在四个亚种中，秦岭羚牛最为稀少，目前为5000余只。在秦岭山中，它们是体形最大的食草动物。

在秦岭四大国宝中，羚牛是最有可能被登山者见到的走兽。那些威风凛凛地屹立在秦岭山脊上、沐浴着天光云影的羚牛，一旦进入人的视野，便仿佛能震慑人的魂魄，成为秦岭山脉灵异奇特的象征；秦岭，因为拥有这些自由奔走在悬崖峭壁上的生命而变得神采飞扬。

今天，学者们运用现代分子生物学的科技手段，发现甘肃南部的羚牛种群在两个DNA片段上与秦岭亚种完全一致，因此，他们认为将分布于甘肃南部的羚牛种群划归羚牛秦岭亚种可能更为合适。在秦岭腹地的陕西镇安县黄家湾，科学家们发现了早更新世地层中的一对羚牛角化石，化石标本与现生羚牛的角心很相似，角心粗壮，以110°的角向后向外侧弯曲，角心顶端背腹扁平，角尖略向上弯。专家们据此推断，秦岭可能是羚牛的起源中心。

中国科学院动物研究所的宋延龄、曾治高等学者，在佛坪自然保护区对秦岭羚牛的食性研究中，记录到羚牛采食的161

种植物，其中草本占 32.9%，木本占 62.7%，苔藓植物和蕨类植物占 4.4%。羚牛所食的植物具有多方面的营养，有些是天然的中草药，具有止泻驱虫的功能，能抵御各种疾病。羚牛的食物呈季节性变化，它们采食的植物种类在春季、夏季比秋季、冬季多。羚牛是广食性的植食动物，但它们对所采食植物的部位很挑剔，它们主食植物的嫩枝叶，有时也啃食树皮。在野外，羚牛直接饮水或舔雪来补充水分。羚牛还有舔食盐碱的喜好，喜欢把带有盐分的泥土吃下去，有时遇到坚硬的含盐泥土，就用前蹄把土刨松后舔食盐分。在秦岭密林中，一些含盐较多的地域便成为牛群的聚集点。

在海拔 1500—3600 米的秦岭森林中，登山者如果不大喊大叫，那么就有可能和羚牛不期而遇。遇到人时，羚牛并不会扭头逃走，它会站在那里，细细打量来客；如果是狭路相逢，它会做出两种选择：或者回身慢慢离去，或者直接逼过来让人给它让路。当人向左右闪开，它就像风一样笔直地刮过去，从不回头。它不会像别的食草动物那样，偏离山路向下方逃窜，这大概和它的体量有关。羚牛庞大的身躯让它的天敌难以抗衡，多年的进化让它具有了睥睨众生的气概。

在秦岭山中，流传着一些羚牛的传说，其中最神奇的说法是，羚牛是一种力气巨大、不惧怕人的动物，而且它们更不怕火。传说羚牛有踏火的习惯，见到野火往往要集体冲上去，口鼻喷出水沫浇在火上，然后再用蹄子踏灭才肯离去。在野外篝火旁夜宿的采药人，往往要在睡前祈祷羚牛不要到来。那情形，让人感觉羚牛像是秦岭山中的消防队员。真的如此吗？有人在秦岭山中行走许多年，也没有亲眼见过。受民间传说的影响，很多夜宿山里的人晚上钻进帐篷之前常常是灭火之后才敢安睡。

许多人说羚牛是一种凶猛的动物，它们经常伤人，所以人们送羚牛一个"牛魔王"的绰号。其实，任何动物都有凶猛的一面，"狗急了跳墙""兔子急了也会咬人"，这是所有动物的通性，人们不必对羚牛过分苛责。

秦岭山中，平地很少。有一年夏天，一队摄影爱好者在山上扎营，选择在一眼泉水旁的空地上扎下帐篷。晚上大家睡得正熟，忽然被羚牛的喷鼻声和沉重的脚步声惊醒，那一刻，躺在帐篷里的人们心中七上八下、万分忐忑，如果羚牛冲过来，帐篷里的人必然无法逃脱，肯定会被羚牛踩成肉饼。可是羚牛没有发动进攻，它们只是用喷鼻、跺脚的方式向人们表示不满而已，因为人们的打扰，它们甚至放弃了夜晚的饮水，选择离开。第二天清晨，大家打开帐篷，看到距离帐篷最近的羚牛脚印只有两尺之遥，帐篷周围草地上那些凌乱的脚步，显示着这一小群羚牛焦躁不安的情绪。它们想从帐篷边走过去饮水，可是大家的呼噜声以及人体散发出的气息让它们感到惶恐不安，最终思来想去，放弃了到泉水边饮水。

看着羚牛的脚印消失在草地边的树林中时，摄影师们心中涌起一丝歉意。人类是客人，却扰乱了主人的生活。第二天夜里，摄影师们把帐篷扎在树林边的草地上，给羚牛留出了两米多宽的道路，如果它们夜里来饮水，大家相信不会再影响到它们了。临睡觉前，大家有了分歧，有人不想再钻进帐篷，他们宁愿在越野车上过夜，虽不舒服，但"至少不会被羚牛踩扁了脑袋"。他们说昨夜惊醒后再也无法入眠，那种担惊受怕的感觉实在不想重新体味。于是两人睡在车上，其他人还是睡在帐篷里。可是让大家感到意外的是，那一夜格外宁静，除了草丛中的虫鸣，人们再也没有听到近在咫尺的羚牛喘息声——看来，它们放弃了这眼清泉，夜里，它们应该是去了其他地方饮水吧。

第二节
种群与家族

羚牛的群体大小不一，最少的为两三只，多的可达近百只。集群包括家族群、社群、混合群三种形式。家族群是羚牛群的基本单位，一般在 10 只左右，由成年雄牛、成年雌牛、亚成体及当年出生的幼体组成；社群是由三五个家族群组成，迁移和休息时都在一起，但各个家族相对集中；混合群是在羚牛的繁殖季节，几个社群聚集在同一片山坡，是短时间的会合，最集中的时间不超过半个月。食物的丰富度和繁殖行为，是决定羚牛群聚散的主要因素。

一个羚牛家庭的领域面积，据科学家研究，达到了 50 平方公里。各个羚牛群的领域间存在重叠现象，但它们都能够和平相处。在羚牛各集群类型中，家族群的稳定性最高，社群次之，混合群较差。在家族群中，雌牛及其幼崽是非常稳定的成员，而家族群的其他成员则经常变化，羚牛的亚成体也常常弃群而去。

中国科学院研究员宋延龄曾经提出，羚牛的家族群是一个完整的母系社会。她说，成年的雌羚牛是家族群的头牛，整个家族群都听从它的指挥。在羚牛群迁移时，它总是走在群体的前面；当群体取食时，它总是站在高处不时向四周张望，负责警戒，一旦发现异常，即发出低沉的吼叫声，召唤牛群聚集在一起，共同转移。在安全的采食环境里，头牛会边吃草边发出迁移的号召。发声时，它的头并不仰起，也不向四周张望，仍然是向下向前觅食的姿势。头牛吃着草，不时地从喉部发出低而深沉的吼叫声，群体中的其他羚牛便向它活动的方向移动。如果头牛来到陡峭处，要改变移动方向，就以低沉的吼叫声促使近邻的几只羚牛紧随其后改变走向，稍远处的其他羚牛则不再前往陡峭处，而是往声源方向行走采食。可见，头牛的吼叫声蕴含的信息十分丰富。夜幕降临时，雌羚牛围成一圈，将幼体围在中间，以保护幼体的安全。

对于宋延龄研究员的说法，许多当地人表示了异议。他们说，在羚牛繁殖交配的聚集期，雌性羚牛确实具有很大的号召力。雄性羚牛为了赢得交配权，不惜拼个你死我活，可以说所有的雄性羚牛都在跟着雌性羚牛转。可是在交配期过后，新组建的家庭群趋于稳定时，雄性羚牛依旧会占据主动，率领自己的家族群在山林中四处游荡觅食。

在秦岭山中，羚牛的天敌都是位于食物链顶端的动物——虎、豹、豺。1964 年 6 月，佛坪县猎人在枪杀了一只体长 2 米、尾长 1 米多的老虎之后，人们才发现也许这是秦岭山中最后一只老虎了。只有老虎这样的兽王，才敢向体重达 300 千克的羚牛发起攻击。比老虎身形小很多的豹，只会对小羚牛下手，因为它的身形不如成年羚牛魁梧，只能干偷鸡摸狗的勾当，一旦羚牛群围成圈把小崽保护起来，单独作战的豹只能悻悻离去。

但是，羚牛群还是会遇到残酷的杀手，这就是凶险狡诈的豺狼。在秦岭山中，豺狼是最凶残的食肉动物，它们的捕食技巧就是"群起而攻之"。一位老猎人的故事流传广泛：多年前他在秦岭山中打猎，看到一群羚牛时，刚想扣动扳机，忽然发现身后的山梁上跑来了 10 多只豺狼。他惊慌地逃到大树上，要是拦了豺狼的路，它们会把他撕成碎片。骑在树干上，他才发现，原来豺狼是比人还要高明的猎手——它们形成一个包围圈，对羚牛群实施围猎。那群羚牛听见豺狼的吠叫声时已经身陷包围圈，领头的雌牛率领牛群把小崽夹在中间，最后是一头强健的雄牛压阵。它们冲向前去，势不可挡。豺狼也很聪明，不会让羚牛的铁蹄把它们踩成肉酱，所以它们放过前面的牛群，等到最后边的雄牛从眼前跑过的时候，10 多只豺狼一跃而起，用尖利的牙齿和爪子挂住羚牛的皮毛。为了甩掉身上的累赘，羚牛疯狂地冲进了树丛里，它希望树枝刮掉身上的豺狼，可是这样一来它奔跑的速度就减缓了。这时候，一只豺狼咬住了羚牛的尾巴，并把爪子伸进了它的肛门，将肠子掏了出来。挂在羚牛身上的豺狼一见羚牛的肠子坠落地上，便纷纷松口跳开了。慌乱中的羚牛仍然迅猛逃窜，不多久，它便自己拽断了肠子，倒地而亡。那些豺狼，从它的肠子开始吃起，再撕开羚牛的肚子，一会儿工夫，就风卷残云般地把羚牛的内脏吃干净了。豺狼大快朵颐之后，迅速消失在密林中，剩下的大块好肉就留给了其他肉食者。猎人趴在树上，仿佛经历了一场噩梦，看到金雕盘旋而下开始啄食羚牛的尸体时，他才确信豺狼已经走远。

不过，凶残的豺狼如今在秦岭也成了稀罕物。为什么豺狼变得稀少了？佛坪保护区的人说，秦岭野猪群差不多每 10 年就会暴发一次瘟疫，豺狼因为吞食大量患瘟疫而死的野猪内脏，也就遭遇了灭顶之灾。如今秦岭山区的野猪正在缓慢恢复种群，那些神出鬼没的豺狼应该也在恢复中。

第三节

生存与保护

秦岭山中的虎、豹和豺因数量稀少，对羚牛的威胁有限，羚牛已经成为秦岭最大的优势兽类种群。然而，羚牛所面临的严重威胁是什么呢？威胁来自人类！

1998—2000 年的冬春季节，在陕西长青自然保护区内，科学家们对各种植被类型和不同海拔高度的区域做了调查，发现影响羚牛分布的因素主要是植被类型、森林的郁闭度、竹林密度、海拔高度，以及山坡的坡度与坡向，还有人为活动和公路。

秦岭的森林，因为人为活动、公路铁路阻隔、森林采伐等原因，已经被分割成数段，所以羚牛种群和其他动物一样，只能生存在一片片森林孤岛上。海拔 1500 米以下的山地，除了一些自然保护区之外，大都成为农耕地。原始森林已经少之又少，昔日在针阔混交林中生活的羚牛，只能在更高海拔的山林中生活。而在高海拔的山林中，常有一些盗猎分子受经济利益的驱动，不顾国法潜入山林中安夹放套，羚牛等动物经常会无辜受害。每年，秦岭山中的各个保护区都要投入大量的人力、物力清理夹套。10 多年前，盗猎者设置的捕捉羚牛、黑熊的陷阱，甚至曾让林业巡护队员不幸丧生。人类为了满足自己的口腹贪欲，让羚牛等众多的野生动物面临着覆灭之灾。

在秦岭山中，羚牛作为国家一级保护动物，却经常面临尴尬的处境：一部分人对它们的皮毛和肉垂涎三尺，必欲置之于死地；一部分人真心呵护它们，处处为它们排忧解难。在两者的夹缝中，羚牛艰难却依旧顽强地生存在山林中。

在牛背梁保护区内，摄影师曾经发现了一只羚牛，它步履蹒跚地行走在峭壁上。摄影师通过望远镜观察它多时，才发现原来这是一只三条腿的羚牛，它的一条前腿已经断掉。这条腿要么是被人开枪打断的，要么就是被钢丝套割断的，不管怎样，人类都给它留下了巨大的伤痛。它的腿伤似乎已经痊愈，跟随着族群走在峭壁上，从一块觅食地向另一块觅食地转移，虽然腿脚不便，但它依然能在峭壁上行走自如。这只羚牛的坚韧，和人相比，真让人佩服。摄影师们常常发现羚牛总会出现在悬崖峭壁上，他们会及时用相机将这样的场景拍摄下来。生长在那些悬崖上的嫩草似乎都是羚牛的美味，而当羚牛意识到危险时，它们也会毫不犹豫地从悬崖跃下，那些峭壁是它们全身而退的最佳途径。

成年羚牛能在悬崖峭壁上飞跃，刚出生没多久的、不足两尺高的羚牛幼崽也能在人们望而生畏的崖壁上健步如飞，这与生俱来的本领，让羚牛在秦岭山中多了生存下去的机会。

在秦岭的高海拔区域，登山者经常能够在山脊线上或者冷杉林中看到弯弯曲曲的小路，那些路给登山者提供了许多方便。许多人以为小路是前面走过的登山客踩出来的，其实并非如此。那些小路都是羚牛群踩出来的，学者们称这些小路为"兽径"。这些兽径四通八达，将茂密植被中的一个个山头和谷地串联起来，向人们显示着羚牛种群的繁盛。

在秦岭山中，羚牛能够保有 5000 只，得益于植物保护和大熊猫保护。1965 年建立的太白山保护区以保护特殊的植物生态为主，从那时起，太白山就成了羚牛的避难所。在过去，羚牛可是最佳的被狩猎对象，它的皮和肉一直让人垂涎三尺。随着羚牛保护级别的提高，面对法律的严惩，许多盗猎者才开始心生敬畏。后来陆续建立的以保护大熊猫为主的保护区，更是成了羚牛的乐园。

在秦岭中段——太白山、佛坪、周至老县城、牛背梁、长青等保护区内，因为有人类的细心保护，羚牛生活得很好。尤其是保护区内中高海拔的悬崖峭壁以及高山之巅的草甸这些被人们视为畏途的地方，反而是羚牛奔走自如的天堂。

物竞天择，人类的猎杀、天敌的侵害，让羚牛选择高寒之地作为自己栖息繁衍的家园。长期的进化，也让羚牛的身体与环境相适应。两条长而粗壮的前肢，两条短而弯曲的后腿，以及分叉的偶蹄，都使得它们能够适应高山峭壁的攀爬生活。

雪后的秦岭巉岩，此时羚牛就在岩壁下方的沟谷中躲避严寒

初夏焕发生机的秦岭山脊巉岩，这里被人视为畏途，却是羚牛漫步的乐园

羚牛妈妈带着幼崽在林区便道晾晒被竹林弄湿的皮毛，
幼崽对监测相机充满了好奇

河水逐渐解冻，霜雪开始融化，秦岭的春天来了

一只羚牛幼崽在落满白雪的山坡上觅食走动

阳光唤醒了秦岭的森林草地，羚牛有了丰富的食物

初春，羚牛去湿润的溪流边采食返青的苔藓或者冒芽的青草

春意渐浓，嫩叶渐多，羚牛终于不用为食物发愁了

夏季，秦岭被绿色覆盖，低海拔山林的植物开始老化，
高海拔山林中的植物正在抽枝发芽

炎炎夏日里，保护区工作人员正在进行监测和巡护

六月，羚牛徜徉的秦岭高山草甸，大片杜鹃花盛开形成紫色的花海

初夏，一只母羚牛带着幼崽学习觅食

六月中旬，羚牛迎来了一年一度的情人节，它们聚集在秦岭高山草甸上谈情说爱，
打破原有的族群结构，重新组建新的家庭

羚牛也会寻找流水潺潺之地醉饮一番

秋天的秦岭

山的光与影

秋季气温急剧下降，羚牛会下移到海拔 2000 米的沟谷中躲避寒冷，
取食植物种子、蕨类、苔藓等维持生命

秋天，一头来到山涧饮水的成年羚牛

深秋时节，几乎是一夜之间，秦岭密林的树叶就被狂风扫尽了，
高山草甸也渐渐被白雪覆盖

在缕缕阳光映衬下的厚朴、杉树、板栗人工林

冬季是羚牛生活最艰苦的季节，寒冷、饥饿、疾病、天敌时刻威胁着羚牛的生命

数九寒天里，一只体形庞大的雄性羚牛在河边饮水

冬天，羚牛没有青草可吃，只能吃竹叶或者啃树皮

雪中，一头成年羚牛在挠痒痒

雪后，在厚厚的雪地里向高处跋涉的羚牛

冬天无处觅食、来到山坡平坦处的羚牛

冬天的秦岭

一只体形偏瘦的羚牛妈妈带着幼崽来到沟谷，
一边在阳坡石岩下享受冬日暖阳，一边沿河寻找绿叶充饥

第　　　　二　　　　章

生命四季

第一节

羚牛的一天

　　1996 年 4—8 月，科学家们在陕西省佛坪自然保护区内采用无线电遥测技术对 4 只秦岭羚牛的活动规律进行了研究。他们发现，春夏季羚牛以白昼活动为主。羚牛每个昼夜有 60% 的时间处于活动状态，其中 77% 的活动时间在日出后到日落前。

　　羚牛每天都过着规律的生活：清晨，当阳光唤醒森林草地的时候，夜里栖息在峭壁下山洞里的羚牛群攀爬到峭壁顶端，担当岗哨的头牛张望四周，看看是否存在危险，确认一切安全以后，它呼唤牛群开始一天的生活。秦岭的崇山峻岭为羚牛提供着取之不尽的食物。羚牛在峭壁周围吃着挂满露珠的草尖，当这些可口的早点被吃完后，峭壁周围开始炎热。头牛率领牛群便走向林中采食。不管是在阔叶林、混交林，还是针叶林里，地面上都长满了一尺多高的青草，羚牛用上下唇扯断青草或树叶，而不像黄牛那样用舌卷食青草。当它们吃树叶时，姿势就似羊而不似牛，它们常将前肢搭到树干上，后肢站立起来，采食树叶。除此以外，羚牛还会采用一些特殊的方式取食，比如骑树采食、压枝采食、撞击采食和跪地采食等。为了采食到最新鲜可口的食物，羚牛是不怕险阻的，使用的招数也是让人瞠目结舌的。

上午 11 点左右，吃饱的羚牛群为躲避牛虻的骚扰，便钻进茂密的竹林和灌木丛中，有的靠着树干来回蹭痒痒，消除一下毛下寄生虫带来的不适；有的用犄角撬开山坡上的草皮，躺在上边尽情地享受着泥浴；有的则静静地卧在地上反刍着吃下的食物。只有雌羚牛最为辛苦，它们不仅要给幼崽哺乳，还要不时到树林边缘或高处向四周观望，为群体站岗放哨。

下午 6 时至 8 时，是羚牛在一天中活动的第二个高峰，它们要抓紧时间在夜幕降临之前填饱肚子。

夕阳落山时，羚牛群便集中到植被稀疏的峭壁顶端或峭壁上的山洞里夜栖，那里地势高旷、视野开阔。羚牛夜间的详细活动情况，人们知道得甚少，因为羚牛夜栖的地方山势陡峻，人们根本无法在夜间接近。但科学家观察到，羚牛早晨活动之前的地点，与前一天黄昏时集中的地方没有变化，估计羚牛在夜间除了反刍之外，不会有大的活动。

倒春寒

　　在不同的季节，羚牛会在不同的海拔高度上下迁徙，这是它们的生存之策。许多植物从春到冬经历着生根、发芽、开花、结实、枯萎的生命周期，羚牛便根据植物的生长特点，通过上下迁移来选择最富有营养、最合口味的食物。

　　初春，高海拔的山林中，积雪还没有融化，是一个冰雪世界，这时候的羚牛，虽然身披厚实的皮毛，依旧无法抵御严寒，于是它们都在低海拔的山林中觅食。

　　它们没有青草吃，只能吃竹叶或者啃树皮。经历一个寒冬，寒冷的煎熬让它们体内的脂肪消耗殆尽，个个饿得皮包骨头。小羚牛虽有母乳吃，但也无济于事，因为母亲干瘪的乳房已经无法给它们提供更多的乳汁了。这时的羚牛群体，分散到低山森林各处，它们在昔日的采伐道路上摇摇晃晃地行走，遇到在山林中巡护的保护区车辆，也不愿意加快步伐跑进树林，只要能够减少能量消耗，它们都愿意去尝试。可是竹叶、树皮无法给它们提供足够的营养物质，一旦遇到倒春寒，在一场大雪之后，许多羚牛就会冻饿而亡，再也无法见到清晨明媚的阳光。

在许多荒弃的采伐工人居住过的房屋避风处，有时人们能够见到那些冻死的羚牛，它们大睁着迷茫的眼睛，看着这一片惨白的世界。这些在山花就要开放、小草就要发芽的时节离世的羚牛，多数有这样或那样的疾病，而一遇倒春寒，生命之灯便会熄灭。

在倒春寒之后，更多的羚牛挺了过来，它们会踩着化雪之后的松软泥土，去湿润的溪流边采食返青的苔藓或者冒芽的青草。随着青草和鲜花一天天复苏，羚牛便等来了好时光。羚牛的采食能力很强，春天树木长出嫩叶，羚牛便用两条前腿搭在树上采食树叶，有的甚至跳到粗壮的树干上采食。在羚牛群采食或休息时，常有一只羚牛在高处警戒，一有情况，它就用上下嘴唇相叩，发出"梆梆"的警告声，提醒同伴转移地方。

夏季成长

　　羚牛的繁殖期在 6—8 月，孕期大约 9 个月。来年 3—5 月间，阳光温暖整个森林之后，怀孕 9 个月的羚牛母亲，会寻找一块平缓的山地，生下自己的孩子。羚牛的繁殖率较低，每年仅产一胎，每胎一至二崽。刚刚出生的羚牛幼崽，必须马上站立起来，母亲舔干它身上的黏液后，它就要跟着母亲行走了。要想活下去，它必须形影不离地跟着母亲，如果不慎掉队或者遇到阴雨天气，很有可能成为豹、黑熊等天敌的点心。从出生那一天开始，羚牛幼崽就要经受得住自然界的各种考验。

　　刚刚出生的羚牛幼崽几乎站不稳，但本能告诉它需要母亲的乳汁，它站在母亲的肚皮下面，将脑袋藏在母亲的后腿之间，不停地吮吸着乳汁。它的母亲这时候非常憔悴，毛很散乱，一些毛如毡片一般开始掉落，当行走在山林中时，树梢会将这些毛梳理干净。"舐犊情深"用在羚牛母亲身上可谓十分贴切。母亲时不时会低下头，亲吻自己的孩子，它用低低的声音呼唤自己的孩子，鼓励它快快成长。

　　山林中到处是青草和鲜花的气息，羚牛母亲带着孩子行走在山林中。许多带着孩子的羚牛母亲会聚集在一起，它们组成一个社群，在这个社群中，小羚牛会得到所有成员的细心呵护，小羚牛的父亲也会从山林中赶回来，加入这个涵盖家族群的社群。小羚牛在父母及阿姨叔叔的呵护下，逐渐成长起来。它们如一群活泼可爱的孩子，对世界充满了好奇。人说"初生牛犊不怕虎"，小羚牛也是这样，它们会三五成群地到处乱窜，有时会跑出父母的视野。如果在山林中遇到人，这些顽皮的小家伙会停下来，瞪着大眼睛上上下下地打量着人；如果人们挪动脚步碰响了脚下的枯枝和落叶，那么这些小羚牛就会扭头向父母所在的树林跑去。

有些时候，贪玩的小羚牛就会这样和父母走散了。父母寻找它们，它们也寻找父母，小伙伴们在恐慌中加快了步伐，而一些体力较弱的小羚牛就被丢在了树林中。

我们在山林中寻找动物时，有时就发现了一些与父母走散的小羚牛，它们站在溪流边发呆，对山林中的流水、石崖等都毫不畏惧。佛坪保护区的一位工作人员曾经看到一只小羚牛试图涉水过河，但它不知道河水深浅，结果被流水冲走了。还有一次，小羚牛从一块石头跳到另外一块石头上，不慎将腿卡进了石头缝隙中，怎么也抽不出来，哀号得嗓子都哑了，工作人员赶过去帮忙，小羚牛才脱离困境。没有父母的呵护，小羚牛想在危机四伏的森林中生存下去是十分艰难的。但是工作人员更愿意将一切交给大自然，不愿意过多干涉小羚牛的生活。

青草在山坡上蔓延开来，灌木林、针阔混交林、针叶林、高山草甸都被绿色覆盖，低海拔山林的植物开始老化，高海拔山林中的植物正在抽枝发芽，山林中水汽升腾，阳光也一天天炙热起来。

这时候，羚牛群变得骚动不安起来，一个个社群彼此裹挟，一起向秦岭高海拔的山林中迁徙。它们度过一段食物充足的日子，体力和精力得到了极大的恢复。它们毛皮发亮、膘肥体壮，个个精神抖擞。

发情期到了，雄性羚牛和雌性羚牛都变得躁动不安。人们说，这时候的羚牛群像河流一样穿过树林，雌牛在前，小牛居中，雄牛压阵，它们踏着坚实有力的步伐，向高海拔的山林中走去。它们顺着山坡爬上山脊，然后顺着山脊一直攀爬到山顶。羚牛群少则几十只，多则上百只，它们浩浩荡荡地在山林中踩出一条条兽径来。在秦岭山顶位置，有许多高山草甸，这些生长着草甸的山头被人们称为"光头山"，是羚牛谈情说爱的场所，一到 6 月中旬，羚牛就迎来了一年一度的"情人节"。

在短暂的半个月的聚会期之后，羚牛以家庭为单位，开始分散到山林各处生活。2006 年 8 月，摄影师一行五人曾经到秦岭南坡的最高峰兴隆岭追寻羚牛，有经验的人对寻找羚牛不抱什么希望。果然，一旦错过 6 月高山草甸上的羚牛聚会，在茂密的森林中寻找羚牛的踪迹，无异于大海捞针。

艰难秋冬

秋季，高山气温急剧下降，几乎是一夜之间，太白红杉林的叶子就变成了灿烂的金黄；也几乎是一夜之间，太白红杉的叶子就被狂风扫尽了，高山草甸恢复了灰褐色的基调。高海拔的草木早早凋谢了，羚牛开始向低海拔的山林迁徙，它们疯狂地觅食，为即将到来的冬天积攒尽可能多的脂肪和能量。

冬季是羚牛生活最艰苦的季节，寒冷、饥饿、疾病、天敌时刻威胁着羚牛的生命。在海拔 1800—2000 米的针阔混交林中，羚牛吃松花竹叶，啃食一些含油脂的针叶树皮和苔藓，维持生存所需的基本能量。它们的活动范围及活动量都较小，以此来尽可能地减少能量消耗。一些年老体弱的羚牛啃食树皮的时候，会支撑不住年迈的病体，倒毙在漫天风雪中，它们那没有合上的眼睛，充满了悲伤与迷惘。

物竞天择，病弱者将被自然淘汰，而那些健壮且富有生存智慧的羚牛将会在山林中旺盛地生活下去，它们将带领自己的族群，熬过寒冬，迎来明媚的春光。

羚牛方队踏着坚实有力的步伐向高海拔的山林中走去

大雾不期而至，视野内的羚牛突然不见了

夏季，在冷杉林中躲避蚊虫袭扰的羚牛家族群

羚牛群在林间空地上享受日光浴

峭壁周围挂满露珠的草尖是羚牛可口的早点

山林中到处是青草和鲜花的气息

雄牛要在牛群里立足并繁衍后代，必须和它的竞争对手进行殊死的搏斗

一头健壮的羚牛带着群牛涉水而行

寂静的山岭，羚牛踩出一条属于自己的兽径

寻访羚牛不遇，看到草甸花海

一只气宇轩昂的大雄牛，显然取得了霸主地位，
它来回走动、巡视、吼叫，追逐着雌牛交配

严冬后的初春，羚牛举家搬迁到低山河谷中

一个有 16 个成员的羚牛群落

一前一后跟随的羚牛情侣

一只落单的雌性羚牛在秦岭箭竹林中蹒跚而行

一对羚牛情侣在盛夏的约会

这个羚牛群中，新生儿、亚成体、成年雄性及成年雌性一应俱全

第　　　　　　　三　　　　　　　章

约会光头山

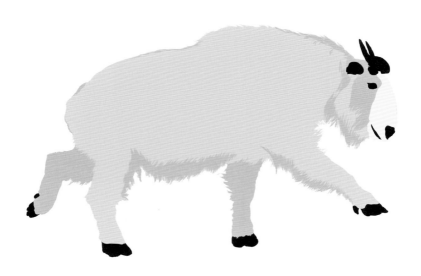

约会常识

秦岭的群山之中，有许多海拔在 2800 米以上的山巅都是光秃秃的，那里是秦岭的高山草甸区，有些草甸上生长着大片的杜鹃花，有的草甸上生长着稀疏的、矮化的太白红杉，但更多的草甸只生长青草。在 6 月的时候，低海拔山林中的植物已经老化，可是这些草甸上的青草才长出半尺高，所含的营养价值也较高。羚牛便利用上天赐予的这种生境，大群聚会用餐。这种聚餐也为雌雄羚牛的约会创造了条件。

人间有"情人节""花儿会""三月三"，这些都是专门为男女青年约会设置的节日，秦岭羚牛也有自己的"情人节"，不过它们的"情人节"时间拉得要长一些，从 6 月中旬到 7 月初，半个多月的时间，都是它们尽情狂欢派对的好时光。

2004 年 5 月 31 日至 8 月 31 日，在佛坪自然保护区内的光头山上，科学家累计观察 277 次雄性羚牛的繁殖行为，记录到 241 次繁殖行为。他们发现羚牛 80% 以上的繁殖行为发生在 6 月 20 日至 7 月 10 日间，其中以 6 月 21—30 日间的繁殖活动最多（105 次）。繁殖季节中，雄性羚牛有两种社会状态：在繁殖群中活动和单独活动（即独牛）。研究期间，独牛比例占成年雄性的 30.32%，其中 72.62% 的独牛出现在 6 月 10 日至 7 月 10 日；6 月 21—30 日间独牛比例最高，占成年雄性个体的 50.67%，独牛的比例与繁殖行为相关。繁殖高峰期后，单独活动的雄牛数量迅速减少。独牛在不同繁殖群之间移动，寻求更多的交配机会。

一年一度，一个又一个羚牛家族凭着记忆，从四面八方的山谷里，汇聚到秦岭腹地的裸露山巅上。多个族群的汇聚增加了它们的安全感，同时也使它们有更多的机会选择最佳配偶。一些家族在聚会中会被冲散重组，但是，减少了近亲繁殖基因得到了优化。

雄牛要在牛群里立足并繁衍后代，必须和它的竞争对手进行殊死搏斗，胜利者将获得与雌羚牛交配的机会。胜利的雄性羚牛忘情地投入到爱河之中，嗅闻雌羚牛的后臀以讨得欢心，然后不断地进行爬胯，享受着爱情的甜蜜。被打败的羚牛，在本族群中失去优势，便独自游荡，赶往另一个约会地点，寻找其他羚牛群，参加新的爱情角逐。这些独牛穿行在各个群体之间，保证了遗传基因的多样性传播。六七月份，在秦岭山脊上，一些行色匆匆的雄性独牛正赶往其他的约会地，也许会有好运气等着它，也许等待它的仍然是失败。假如一直失败下去，那么它繁殖后代的机会几乎为零。

而那些胜利的雄牛，会在牛群边缘烦躁地走动着，时不时弄出点动静来，它们要瓜分并组合成新的雌性群体。一只气宇轩昂的大雄牛，显然取得了霸主地位，它来回走动、巡视、吼叫，追逐着雌牛进行交配。在它选择完配偶之后，其余的雄牛也渐渐完成了家庭组合。这些新组合的家庭会在一起生活一段时间，进行感情的磨合和交流，一旦稳固以后，光头山上百只的羚牛大群，就会化整为零，分成10多只一群的小家庭，四散而去，完成一年一度的爱情派对。这些新组合的小家庭，会在今后一年的时光里，度过幸福的夏秋时节，熬过艰难的冬天和初春，繁衍生息、不断壮大，再来参加下一年的爱情考验。

但是，不管家庭成员如何变化，雄牛对待群体中的小崽都是视若己出，保护有加。所以，在盛大的羚牛爱情派对中，无论成年雄性羚牛打斗如何激烈，幼崽们都是最快活的。在那些冰缘地貌中的裸露砾石滩上，亚成体和当年出生的小羚牛们如同一群快乐的小孩，它们欢呼跳跃，学着父辈们的行为用头抵来顶去做着游戏。到了分散的时刻，快乐的玩伴们才会恋恋不舍地分开。

在繁殖期中，健壮的成年雄性个体因寻找配偶离开原群，在各群间游荡，成为羚牛群中最不稳定的成员。亚成体羚牛在其母亲产下幼崽后，彼此会中断关系，进入混合群和社群。羚牛的反捕食策略和护幼行为，也会影响到羚牛群的分群和重组。这时的雄牛，性情变得格外凶猛，所以在秦岭欣赏难得的羚牛聚会场面时，游客常会被告知一定要站在大树附近，看到羚牛冲过来时，一定要手疾眼快地爬上大树，否则十分危险。

随着对羚牛的关注度的提升，人们在秦岭山中逐渐发现了近10处羚牛约会的地方，如佛坪的光头山、药子梁、黄桶梁，洋县的兴隆岭，周至玉皇庙的光头山，柞水的牛背梁，宁陕的天华山等。

每6月至7月之间，一个光头山顶上，都会聚集几十到上百只的羚牛，其中成年的雄羚牛和进入生育期的雌羚牛便在那里品尝鲜嫩的青草和甜蜜的爱情。羚牛因为繁殖而形成的大规模集群，是六七月间秦岭山中最壮观的景象。在天华山自然保护区内的光头山一带，每年6月也会聚集上百只羚牛，它们主要由三个社群组成。它们白天在草甸上互相追逐，傍晚都会重新隐身于周围的密林中。

在秦岭山中，有一个专门保护羚牛的保护区，名叫牛背梁保护区。这里的山势非常陡峭，一些山脊形似牛的脊背，所以得名"牛背梁"。牛背梁的山体和华山一样，都是由巨大的花岗岩石构成，这些庞大的山体下方形成许多石穴，羚牛、斑羚等食草动物便利用它们作为夜宿地。那里还有茂盛的丛林作为掩护，天敌很难发现它们，而高大山体的上方，山脊连着广袤的草甸，优良的生境让这里成为许多羚牛的家园。

药子梁的羚牛乐园

　　虽然人们对羚牛怀着畏惧的心理，但是羚牛仍然吸引了许多人进入保护区，近距离地去观看难得的羚牛盛会。

　　佛坪县的药子梁是摄影人心中的羚牛乐园。每年 6 月，在裸露的山梁上，到处是羚牛等大型兽类留下的足迹和粪便，浓烈的兽膻味弥漫四周，刺激着人们的鼻子。从山谷底部一直攀爬到山顶，一路上很有可能会和羚牛不期而遇。在松花竹林里、在冷杉林中，人们需要处处留神羚牛的踪迹，也许不小心就挡住了羚牛赴约的道路。如果羚牛心情不错，它会绕开你继续前进；如果它心情欠佳，那么它追着你小跑一阵也是常有的事情。但是无论如何，羚牛的心思都不在人身上，它只会为了同类中的异性而忘我地奔跑、打斗和追逐。夜晚降临，有人将帐篷扎在半山腰的平地上，可是依旧有羚牛光临，它们大概是在赶夜路，急匆匆地前来约会，所以显得慌不择路。

　　在药子梁，最小的羚牛群也有四五十只羚牛，它们在开阔的草甸上觅食，沐浴着天光云影，无遮无拦，看起来非常壮观。有时，羚牛群还会从南坡及山脊方向陆续走来。人们发现最大的集群竟然有 150 多只羚牛。它们来到草甸后，安逸地吃着沾满露水的草尖，吃饱肚皮之后，成年的雄羚牛和进入生育期的雌羚牛开始了爱情追逐。一些健壮的雄羚牛甚至没有心思品尝鲜嫩的青草，它们四处寻找交配机会，把雌羚牛从山顶追赶到半山腰，一路跟随只为了赢得芳心进行交配。这些死缠烂打的雄羚牛，让雌羚牛难以招架，而牛群也被这些不安分的雄羚牛冲散了，重新组合的机会便越来越多。

几天下来，也许这些追逐爱情的雄羚牛有所斩获，但是它们的肚皮也瘪了下去——被爱情冲昏了头脑，只记得雌羚牛的存在，却不记得脚下还有饱腹的青草。那些亚成体的羚牛和年老的羚牛，在草甸上经过一周左右的休憩和大吃特吃，变得毛色发亮、膘肥体壮。出生不久的小羚牛也是见风就长，身上的灰褐色毛也逐渐转成了乳白色，它们无忧无虑地吃草觅食，学习着父母的恋爱技巧。

在药子梁草甸上，羚牛群的活动非常有规律。天刚蒙蒙亮，羚牛便从山梁四周的松花竹林、冷杉林中走出来，它们来到高处开阔的草甸上觅食，享受日光浴，让风和阳光将身上的潮气弄掉。雄羚牛一心追逐其他集群中的雌羚牛，即使牛群中的一些雄羚牛会阻止它们的骚扰行动，但一些春心萌动的雌羚牛依旧会响应它们的号召，于是旧的家庭破碎，新的家庭在碰撞中产生。

那些刚生产完的雌羚牛，还记着做母亲的本分。它们不仅要应付雄羚牛的追逐，还要警惕地注视着孩子的动向，一旦意识到危险降临，它们首先想到的是要带着孩子逃跑，而不是去和年轻健壮的雄羚牛共坠爱河。

第三节

牛背梁盛会

一个很偶然的机会，摄影师发现了牛背梁的羚牛群落。

牛背梁的羚牛群，可谓是距离西安最近的野生羚牛种群，能在野外观赏到它们，对很多人来说都是非常奢侈的享受。每年 6 月份，资深摄影师都会赶赴牛背梁的光头山，和羚牛开始一年一度的盛大约会。

凌晨三时，当整个城市还在香甜的梦乡时，摄影师们已经开始驱车赶往牛背梁。走完点亮街灯的城市道路后，山路上只能见到自己的车灯，以及被车灯照亮的一小块山的肌肤。山路盘旋而上，大约 3 个小时后，晨曦微露之际，人们已经来到了海拔 2900 多米的高山草甸上。寒风凛冽，吹得人只想掉眼泪，躲在车里，打开一点车窗，用望远镜搜索天际的山巅。

2007 年的 6 月，摄影师第一次在山巅搜寻到了羚牛的踪迹。那是一只站岗放哨的羚牛，它站在高山顶上的一块巨石旁，从它的那个位置，可以清楚地看到方圆一二十里的情形。它静静地站在那里，如同一座雕塑。当阳光勾勒出它与山岩的轮廓时，人们在它的下方发现了卧地休息的羚牛群，它们的毛被阳光照射得熠熠生辉，也许，昨夜它们就在那里度过的。

从林间公路到那里的直线距离应该在两千米左右，如果绕行过去，就需要再走五六千米。第一次大家都过于兴奋，架着望远镜看个没完。而等到大家开车走到道路的尽头，然后再步行三四千米，来到羚牛栖息的那块山岩的上方时，那群羚牛已经不知去向。大家望着空落落的山岩，那里似乎连羚牛睡卧的痕迹都没有，难道之前见到的是海市蜃楼吗？

错失一次与羚牛近距离接触的机会，摄影师们有些沮丧，他们只好背着沉重的照相器材往回走。攀爬草甸时，大家累得大汗淋漓。从高处往下走很轻松，而海拔的抬升，让摄影师们的每一步都很艰难，草甸松软的土层更让人步履蹒跚。

然而，大家很快就被周围的环境吸引了，野花野草、蓝天白云令人们心旷神怡。粉红色的杜鹃花正在盛开，赤芍等花卉也在怒放，花香让人陶醉。人们暂时忘掉羚牛，躺在软绵绵的草甸上，枕着胳膊，把为了与羚牛约会而少睡的那三四个小时补回来。一觉醒来，耳畔全是鸟鸣声：树莺在小灌丛上鸣唱；低处的冷杉林中，星鸦在聒噪；远处的山谷中，四声杜鹃的叫声悠扬地传来。

这一天，还有许多城里的车友驾车来此爬山，游客穿得花枝招展，各种艳丽服装在山野中分外惹眼，有的人还在山野中大呼小叫。游客根本没有意识到自己已经来到了国家一级保护动物羚牛的家园。人类反客为主，成了这片山林的主宰。虽然他们依然享受到了蓝天白云、新鲜的负氧离子、夏日的清凉、满目的青翠，但羚牛和其他动物早已隐身丛林，不肯与他们谋面。

大约一个多小时后，羚牛群才开始活动。首先是那些亚成体的小羚牛耐不住寂寞，在羚牛群中来回移动，那情形似乎在央求大羚牛起身带它们走。大羚牛似乎架不住小羚牛的央求，开始起身伸伸懒腰，向山坡下方移动。它们边走边吃草，行动很是缓慢，小羚牛钻进灌丛中，见大羚牛没有跟上，便又回身来找。走到一个石坡上，没有任何征兆，一只雄羚牛忽然抬起前蹄，搭在一只雌羚牛的身上，那只雌羚牛也停下脚步，然后两只羚牛交配起来。隔了一小会儿，另一只雄羚牛走了过来，它看着这两只正在交配的羚牛，停下了脚步，没有争斗，也没有参与交配。接着两只交配的羚牛分开了，它们几步走进了树林中，瞬时没了踪影。

摄影师在山坡上坐了一阵，决定继续下行，希望能有机会再看到这群羚牛。三位摄影师彼此间隔 5 米，慢慢地在半人深的灌丛中寻找路途前进。他们的左侧是百米深的悬崖，右侧是大片的灌丛，后面是陡峭的山坡和巨大的乱石，前方则是看不见下方的倾斜山坡。其中一位摄影师小心翼翼地走在最前面，心中暗自祈祷不要踩上剧毒的秦岭蝮蛇。正在这时，他忽然看见了一只亚成体的羚牛，猛地从山坡下方的一块巨石后边冒出了头。

它离摄影师只有 10 米之遥，在它发现人类的那一瞬间，也呆住了。它静静地看着摄影师，斜射的阳光刚好照亮了它的全身，那样的美丽。摄影师一边毫不犹豫地举起了相机，将它拍摄下来，一边惊奇羚牛速度之快：对面山坡的羚牛这么快就爬了过来？那个深谷，落差至少也有二三百米！

那只亚成体的羚牛扭头离去，它的身影消失在巨石后边。摄影师继续向前走，想看看巨石后边的秘密。还没有走到 5 米，一只健壮的公羚牛从巨石后边探出了头。摄影师的相机发出的清脆快门声并没有阻止它前进的脚步，它步履稳健地向上走，然后稳稳地站在巨石上，阳光斜射在它的身上。这是一只标准的金毛扭角羚！它是那样的雄壮威武，它用一种王者气概，看着人类。它和摄影师四目相对，向摄影师喷鼻示威、跺脚，那沉闷的蹄声，如同战鼓擂响。

摄影师低下头，回身小声对同仁说："不要动，不要跑，不然今天我们就要遭殃了！"所有人屏气敛息，那只雄壮的羚牛距离摄影师们只有 5 米之遥，他们只能在心中祈求它不要过来做出伤害行为。那只羚牛向前又走了两步，摄影师依然没有移动。它迟疑地看看人们，停下了脚步，转了一下方向，把尾部朝向摄影师，然后再回头观望摄影师。

摄影师像木桩子一样一动不动。羚牛又转了一圈，继续用眼睛盯着摄影师看。这时候人们在它的眼睛里看到了一丝善意，也许它的孩子下去告诉它上面的山坡上走来了三个人，它不放心，所以上来看看。如今它放心了，这是三个手无寸铁的人，没有危险。

大家看出了这只具有王者气质的羚牛眼中的善意，便举起了相机，对着它一阵狂拍。对于摄影师来说，这只羚牛虽然是现存的威胁，但也是机会所在，大家千辛万苦地跑来，唯一的目的就是想和羚牛谋面，如今得到了羚牛的接纳，内心欣喜感动，尤为珍惜如此近距离拍摄羚牛的机会。这只羚牛颇有模特风范，它改变了几次站姿，似乎在鼓励大家尽情拍摄，后来它大概腻烦了连续不断的快门声，便向巨石下面走去，片刻工夫，踪影全无。

摄影师们这才瘫坐在石头上，擦了一把满头流淌的汗水。两位年轻摄影师说这种经历太刺激了！竟然有一只雄羚牛在数米之外向自己喷鼻跺脚！而这只羚牛的作为，也让大家对羚牛有了全新的认识。它们其实和人们驯化的牛非常接近，脾气虽然暴躁，但本性却很温顺；虽有牛的体魄，却能像羚羊一般善于攀爬。大概正是因为它们喜欢栖居在高寒地带的山岭峭壁之间，而人类无法在这样的环境中生活，不然的话，也许它们早被人类驯化成家畜了。

半个小时之后，摄影师们终于缓过劲来，大家还想看看巨石下面有没有羚牛。一位摄影师刚站在巨石上，便兴奋地喊了起来："羚牛，大群的羚牛啊！"喊声如同火把点燃了干草堆，一阵杂乱的声音从下方传来。其他的摄影师也跳了起来，用力推开阻拦行走的灌丛，向那块巨石跑去。下面距离摄影师们20 多米的平坦草地上，羚牛群像河水一样流淌，有经验的摄影师飞快地清点羚牛数量，46 只羚牛！羚牛排成队列，在灌丛中挤出一条路来，背对着人们，向另一片山坡走去。这个羚牛群中，大大小小的羚牛一应俱全，小牛在前，大牛在后，它们迈着稳健的步伐，像一支训练有素的队伍，稳步撤退。

摄影师兴奋得有些哆嗦，大家此前都没有见过这样漂亮的景观。天造地设的绿色地毯上，天地间的尤物——国宝羚牛踩着鲜花和绿草，缓步走过这个宽阔的舞台。如果不是年轻摄影师过分冒失的呐喊，也许这群羚牛将为大家上演无数的情爱剧目；但也正是他的呐喊，说明了人与动物之间的隔阂有多么深厚。

在长久的年月里，饥饿的人们瞪着发绿的眼睛，试图用手中的武器将山林中的动物都变成餐桌上的一份肉食。可是在解决了温饱之后，人们才意识到空荡荡的山林少了那么多可爱的动物邻居。今天，当人类放下屠刀，保护山林，让生灵在密林中得到自然修复之后，久违的场景忽然进入人们的视野，那一刻，人们似乎重归天人合一的意境之中。

羚牛群一直没有停止攀爬的脚步，一只雄羚牛尾随在雌羚牛身后，在嗅闻雌羚牛的屁股之后，忘情地停下脚步，张大嘴巴，昂头向天，久久站立如同石雕。直到后边的羚牛赶了上来，它才如梦初醒，跟随群体继续前进。46只羚牛，一只接一只攀爬到另一座山坡的顶端，它们站在山巅的石头上，是那样的威风。

它们是这里的主人，可以用脚步征服任何陡峭的山岩。它们在秦岭最美丽的高山草甸花海中谈情说爱，繁衍后代，一切亘古未变。

第四节

兴隆岭的 12 只羚牛

　　有些人说羚牛在秦岭已经泛滥成灾，但只有生态摄影师知道，那只是为了把羚牛变成狩猎动物的一种借口。如果不经历千辛万苦的攀爬，人们几乎没有可能在中高山地带看到大群的羚牛，而且这些地方都在人迹罕至的自然保护区内。

　　生态摄影师们携带了帐篷睡袋和一些给养到达了兴隆岭草甸，将营地扎在太白红杉林间。他们在混人坪周围的红杉林中搜寻，可是一无所获，他们曾经见过的在草甸下的崖壁间栖息的那一对斑羚也不知去向，只见到红杉林中匆匆走过的一小群血雉。大家失望地枯坐在云雾升腾的山崖上，看着千沟万壑的山岭发呆，如果不能发现羚牛，两三天的爬山便失去了任何意义。

　　就在他们失望至极的时候，长青保护区的工作人员向定乾发现了羚牛的踪迹，他指着两千米之外的一片山崖，说那里有羚牛。大家睁大双眼，终于影影绰绰地看到山崖上有一些移动的白点，真是羚牛吗？大家半信半疑。要到那片山崖，需要绕行两三个山头，也就是说需要走四五千米山路才能赶过去，但是过去了羚牛难道不是已经跑远了吗？没有谁能给一个准确的答案。但是大家都知道，如果不去，那就别想近距离看到羚牛。

　　摄影师轻装出发，往那片有羚牛活动的山崖前进。起初路很好走，羚牛在红杉林中踏出的兽径很宽，可是一进入松花竹林中，路径就很难走了，那些一人高的竹丛密不透风，枝梢时不时地抽打着人的脸庞，竹丛下的兽径隐隐约约，大家只能借助指南针来调整前进的方向。浑身湿透的摄影师终于来到了石崖的上方，这里一边是断崖，一边是茂密的松花竹林，还有一些残存的太白红杉生长在竹林及断崖上。

　　时间已经是中午，大概羚牛已经吃饱了，它们都卧在太白红杉林中反刍。让大家惊喜万分的是，这是一个完整的家庭群，一共有 12 只羚牛。也就是说，在经历混合群的短暂聚会后，也许有新的成员加入，也许有老的成员流失，但是这个补充了新鲜血液的羚牛家庭，依旧稳固地保留了下来。这 12 只羚牛中，新生儿、亚成体、成年雄性及成年雌性一应俱全。

　　起初它们没有发现人类的存在，悠闲自得地享受着高山地带的凉风，一些亚成体的羚牛还在爬胯玩乐，小羚牛不安分地跑来跑去，三心二意地吃着石头间长出的嫩草。摄影师悄悄地一点点靠近那片太白红杉林，忽然山下的雾气升腾而上，四周白茫茫一片，人们什么也看不见了。摄影师枯坐在一块大石头上，那里正好和羚牛休憩的太白红杉林隔着一条深谷，如果没有雾气，刚好可以平视羚牛群。

　　大家悄声说着话，想象着大雾散后眼前的羚牛群是否还在悠闲地享受夏日的清凉。正说着话，忽然雾气就消失了，而摄影师们也噤声呆住了——一只亚成体的羚牛就站在两米开外。它的尖角让人倒抽凉气，可以说，如果它发动进攻，以它的体魄，摄影师绝对不是它的对手，甚至可能被它挑破肚皮或者顶撞到山崖下面去。

　　可是那一刻，大概羚牛也是猝不及防，它实在没有想到怎么会有人突然出现在眼前。它和人类一样犹豫不决，怎么办？进攻还是逃跑？摄影师手上除过照相机，连一根木棍都没有，而羚牛却有一对尖角，还有爆发力很强的四肢。羚牛和摄影师四目相对，平心而论，它可爱而又迷人，它黑黑的大眼睛里，充满了好奇和迷惑。一位摄影师看出羚牛没有伤害他的意思，悄悄举起手中的相机，对着这只亚成体的羚牛，连续按下了快门，清脆的快门声让它竖起了耳朵。摄影师的手一直按着快门，连续不断的声音，忽然让它感到了恐慌，它扭头向深谷下方冲去，然后再顺着陡峭的山壁，一直跑到深谷对面的红杉林，这才惊魂未定地回头看人们。摄影师静静地站在石头上，举着手中的相机，继续将它的行为记录下来。

　　忽然又传来羚牛的蹄声，这一次是一只毛色刚刚从褐色转成乳白色的小羚牛。它来到距离摄影师两三米的地方，歪着脑袋，用好奇的眼光打量着大家。摄影师忽然有一种回归童年的感觉，也许这只小羚牛是来看看人们给它带来了什么礼物。就在他们忘乎所以地拍照时，站在一旁的另一位摄影师拽拽他的衣襟，示意他向上看。

这时候，大家才发现，他们已经被羚牛群包围了。

5米开外，一只健壮的雄牛正在吃松花竹叶子。它漫不经心地看着摄影师们，那种眼神似乎在说："别轻举妄动，小心我把你们顶到山崖下面去。"

身后的山崖下面是尖矛一般的太白红杉树梢，掉下去肯定凶多吉少。旁边只有一棵粗大的太白红杉树，紧急时分，只能让一个人迅速爬上去，那么第二个上树的人肯定会遭到羚牛的顶撞。两位摄影师小声地嘀咕说："上树？还是不上树？"5米距离对羚牛来说，只需跳跃两次、耗时两秒，可是摄影师能在两秒钟内爬上大树吗？没有把握的摄影师干脆战战兢兢就地站在石头上，眼睛眨也不眨地看着那只盛气凌人的雄牛。

它似乎根本没有把人类放在眼里，正一门心思地吃竹叶，好像兴致也很好，对人们惊扰它的孩子也毫不在意。它的气定神闲，让摄影师心中的一块石头落地了。这个家庭的主人接纳了大家，大家便不再担心自己的安危了。摄影师放松了许多，将镜头对着这只淡定的羚牛狂拍起来。

秦岭山中的雾气说来就来，又是一阵风吹来，雾气又将摄影师们裹住了，雾气的潮湿笼罩住人们，汗湿的衣服变得冰凉起来，周围陷入一片混沌状态。摄影师们只好静静地坐在石头上，等候雾散去。

半小时后，雾气消失，阳光重新照耀着森林，可是羚牛群已经不见了。就像一个梦境一般，周围是那样的安静，人们四处寻找，却再也没有看见羚牛的踪迹。

4 月龄的羚牛幼崽好奇地回头望着摄影师

叼着草茎的小羚牛

两只 6 月龄的羚牛幼崽，毛色已经转为乳白色

独步山巅的小羚牛

一只小牛呆立原地，用好奇而恐慌的眼神看着来客

羚牛的繁殖率较低，每年仅产一胎，每胎一至二崽

舐犊情深——羚牛母亲的亲子时光

羚牛吻鼻部裸露，且以一条明显的鼻中缝分开

羚牛有一双尖锐、健壮的角作为防身武器

羚牛熠熠生辉的毛

羚牛幼儿园的小朋友

刚出生不久的羚牛幼崽，还不能稳稳当当地站立起来

动物园松软的土地使得羚牛没办法磨掉疯长的指甲，
长长的指甲从中间裂开，导致它无法正常行走

突然出现在石头背后的羚牛，让人猝不及防

温顺的眼神是羚牛的特点

小羚牛如同一群快乐的小孩，欢呼跳跃，学着父辈们的行为用头抵来顶去做着游戏

在山林中遇到人，顽皮的小羚牛会停下来，瞪着眼睛上上下下地打量

雪后，村庄旁出现一只羚牛

一只羚牛闯入山民的房屋内

在万般无奈的情况下，羚牛才会来到村庄边的空地里，寻找农人的庄稼或者蔬菜充饥

漫长的严冬是老龄羚牛最艰难的日子，它们时常会光顾人类居所，造成冲突事件

第　　　　四　　　　章

流落平川的"牛魔王"

第一节

羚牛伤人

许多年来，羚牛一直在秦岭深山中生活，它与人类接触的机会很少。可是随着种群的扩张，加上人类垦殖强度的增大，越来越多的羚牛开始和人类发生关系。

过去，秦岭以海拔 1350 米为界，以下为人类的家园，以上为动物的家园。可是人类首先打破了平衡，在海拔 1350 米以上的区域，人类的活动逐渐增多，这让许多动物的生活不胜其扰，草食动物羚牛的家域也受到了很大的冲击。再加上全球气候变暖引起干旱等原因，羚牛的生活规律发生了很大变化，羚牛伤人的事件便开始不断见诸报端。

来到秦岭脚下的平川地撒野的羚牛，真的是越来越多了，保护区工作人员收集了羚牛伤人的相关数据，其中以 2006 年居多，大致如下：

2004 年 6 月 12 日和 6 月 27 日，周至、户县（今鄠邑区）先后出现羚牛下山顶死村民家的猪和顶死 1 人、顶伤 3 人的事件。

2006 年 1—5 月，陕西持续干旱少雨，高山植被发育缓慢，羚牛被迫向低海拔迁徙觅食，它们与人类的冲突日渐增多。在 5 月份，陕西就发生羚牛伤人事件 9 起，造成多人重大伤亡，而根据以往的资料，5 月份陕西羚牛的伤人事件几乎为零。

2006 年 5 月 18 日，一只雄性羚牛闯入城固县桔园镇张湾村几家农户中，撞伤 10 人。危急之下，当地林业部门请示上级后，在武警协助下将羚牛当场击毙。从此，林业部门开始执行保人不保牛的策略。

2006 年 5 月 29 日，两只失群的雄性羚牛分别窜入周至县广济镇和翠峰乡，一只没伤人被活捉，另一只连伤 4 人后被麻醉活捉。

2006 年 6 月 11 日，秦岭山中一只羚牛冲下山来，在户县余下镇附近的村庄里，将 8 名村民顶伤。无奈之下，户县警方开枪结束了羚牛的生命。

从 1997 年至今，羚牛已造成陕西省数十人死亡，百余人受伤。

针对羚牛下山伤人的情况，陕西省珍稀野生动物抢救饲养研究中心开展了调查。在 1996—2001 年间，他们从秦岭山区野外抢救了 47 只离群下山羚牛，在这些羚牛中，冬末春初饲草缺乏导致野生羚牛体质下降、发病率较高、疾病和年老体弱是羚牛离群下山的主要原因。争偶导致部分羚牛受伤离群，也是一种重要因素。下山的雄性个体较多，而且近一半都是成体羚牛。

春季的秦岭，高山地带食物缺乏，草甸尚未发芽，树木还处于蛰伏状态。羚牛只能来到海拔 1500 米左右的山谷里觅食，这时如果受到人为活动的干扰，有些羚牛极易脱离牛群成为独牛。在发情期，斗败的雄牛不敢接近牛群，也会成为独牛。失意的它们成了森林中孤独的流浪汉，性情变得十分暴躁，行为反常，到处乱窜，有时会顺着山脊而下窜到人口稠密的地区，对人造成伤害。

中国科学院研究员曾治高针对镇巴县羚牛致人死亡一事进行调查后认为，穿着红衣服的死者走得太靠近羚牛，从而激怒了羚牛，导致遭到突然攻击。同时他还说，如果可以持续观察到镇巴县有羚牛群体存在，那么就可以认为，生活在陕西秦岭山区的羚牛，已经扩散到了汉江南岸的巴山之中。对于科学家来说，这将是一个富有挑战性而且有趣的课题。羚牛是怎样越过天堑汉江的？这个迁移的通道是怎样的？目前，谜底尚未揭开。

在冬天，秦岭严苛的生存条件，对羚牛来说也是十分难熬。即使是常在秦岭活动的工作人员，也仅在风雪中看到过一两次五六只左右的小群羚牛，毛色憔悴，在风雪中啃食树皮果腹。

但是，即使羚牛在这样恶劣的环境下度日如年，它们还是威势不减。2005 年，一行人去佛坪三官庙，在狭窄的山路上迎面遇见了一只独牛，它看到这边人多势众，还有几个骑马的人，犹豫了片刻，随后顿足一跳，撞向了众人。一行五六人惊慌失措，连人带马，都被这头独牛顶到了路旁的竹林里。势不可挡的羚牛夺路而去，而那些受了轻伤和惊吓的人，从竹林里爬上路来，庆幸自己捡了一条小命。

　　在佛坪凉风垭一带，一些老弱病残的羚牛有时会窜到村庄里，吃老百姓房屋周围种植的青菜充饥，然后卧在遮风的屋檐下不愿离去。倘若有人敢来驱赶，羚牛就会迎头撞过去。一些羚牛在村庄里养足了精神后，重新回归山野，熬过了冬天。可是还有一些羚牛在人与狗的合力驱赶下，离开村庄，满是依恋地卧在田边地头。几天之后人们会发现，这些羚牛已经在风雪中变成了僵硬的雕塑，被白雪掩盖了大半个身子，只有长着黑色犄角的头颅上迷茫的大眼圆睁着。闻讯赶来的保护区人员，会将其拉到山下，做成标本。

与羚牛相处

如何规避羚牛冲击？为什么温顺的羚牛会变成"牛魔王"呢？这对于没有家畜养殖经验的城市人来说，的确是一个棘手的问题。

羚牛的体格、性格和犄角都和牛非常接近，但和雄壮的家牛相比，羚牛还要逊色几分，那么为什么人们不害怕家牛呢？这是因为人们了解家牛，熟悉它的喜怒哀乐。牛悲伤时会流眼泪，高兴时会摇头摆尾，生气时会瞪大眼睛用犄角顶人，可是没有人认为牛是一种凶猛的动物，人们都说它很温顺，尤其那些刚出生的小牛犊子，甚至还是人见人爱的宠物。的确，牛是人类的好帮手，它吃苦耐劳，人们送它"孺子牛"的称誉，对它倍感亲切。可是对于羚牛，人们没有那种熟悉的亲近感，人们不知道它是怎样的一种动物，它们在高山上来去无踪，面对人类的挑衅呐喊时会发起攻击。久而久之，人们对它只有害怕，而害怕之后，人们会对它们采取残忍的报复手段——将子弹射向这些吃草的温顺动物。

人们统计秦岭羚牛的伤人数字，但是这个数字和家牛伤人的数字相比，显得微乎其微。只是家牛伤人是不被人重视的，因为羚牛是国宝级动物，它的伤人事件才会成为媒体报道的焦点。并且与羚牛伤人相比，交通事故对人的伤害更是触目惊心，但是人们并不因为这些事故而抛弃现代交通工具。因此，人们并不能因为一些羚牛伤人的事件而彻底改变对羚牛的看法，让羚牛变得妖魔化！羚牛就是羚牛，它们是食草动物，不以人肉为食，反而是人们一直惦念着把它们变成餐桌上的一道美食。今天，在秦岭山上出现的一些国际狩猎场，就是以羚牛为顶级狩猎目标的。正是对羚牛伤人事件报道所造成的恶感，让一些人在杀伐无辜的羚牛时变得毫无同情心。

温顺的家牛会变成"牛魔王"，温顺的羚牛也会变成"牛魔王"，但是这种事情发生的概率微乎其微。对于那些严重威胁居民安全的"牛魔王"，可以采取一定的手段，可是对于那些在中高山的密林中自由自在生活的羚牛，大家还是保留着一份敬畏心最好，因为它们是世界级的珍稀濒危动物，它们与世无争、餐风饮露，如同隐居世外的高人一般洒脱超然。如果不是人们过分靠近或者让它们感受到威胁，它们是不会贸然发起攻击的，这一点与家牛非常相似。它们虽然长着一对硕大的犄角，但只在与同类打斗及预防天敌时能发挥作用，更多的时候，犄角只是头顶上的摆设。

在自然界中，食物链的顶端是人类，人类的下面是食肉动物。人类和食肉动物一样，是自然界中的掠食者，而羚牛和众多食草动物是被掠食的对象。它们没有可能一跃成为掠食者，如果要让它们进化成凶悍的食肉动物，并以人类为第一攻击对象，那么至少需要数万年甚至更长的时间才能做到。可是到那时候，人类或许早已武装到了牙齿，所以，让羚牛威胁到人类的生存几乎没有可能。在自然界中，人类是最可怕的物种之一，没有任何一种动物能与人类抗衡，不管是老虎、黑熊等等，它们只要一嗅到人类的气息，就会迅速在密林中隐藏起来，这是千百年进化基因告诉它们的本能。但是自然界也遵循"狭路相逢勇者胜"的法则，许多时候，羚牛就是那个"勇者"，而受害的人们就是那个被打败的"逃跑者"。

一位在秦岭山中追寻羚牛多年的摄影师说，他最近偶尔可以摸到羚牛的尾巴，可是羚牛却从没有伤害过他；有时自己感到害怕，会爬到树上躲一小会儿，那时候羚牛会挑衅地来到树下，有些嘲笑地看着他，它似乎在说："这是一个懦夫！"其实，在羚牛面前，没有必要逞匹夫之勇。有人试图用手杖或者木棍赶走羚牛，这样的行为只会招来羚牛的报复性追赶和顶撞。羚牛有着很强的好奇心，无论老幼，都会对来访者打量一番，你站立不动时，羚牛中的个体会先后前来和你谋面打招呼，那时

羚
牛

的它们像个绅士，彬彬有礼，很有外交家的风度。如果你是个侵略者，它们会犄角相向；如果你是一个串门的客人，它们会欢迎你四处走走看看。

掌握羚牛的季节性活动规律，对预防羚牛攻击很有必要。春天，在洋县的华阳、太白县的二郎坝和黄柏塬、周至的玉皇庙等地，羚牛会来到低海拔的村庄周围寻觅食物，也许一些农家的菜地或者庄稼会遭受一些损失。这时候的羚牛是小群活动，或者就是一些独牛在流窜，它们可能是饥不择食，也有可能正在遭受病痛的折磨。人们如果这时候人们对羚牛礼让几分，给它一些吃食，它就会知趣地离去。

在佛坪龙草坪一带，初春时节，一些羚牛会来到农家院落寻觅食物，它们甚至会钻进农家的厨房。羚牛闯入农家的目的其实也很简单，它们是想寻找盐分和食物。一些科学家据此提出在佛坪的山谷中建设羚牛招引观赏点，使用的诱饵就是盐粒和食物。来到农家的羚牛，如果农人放任它寻觅，它达到目的后便会悄然离去；也有个别"老赖"，需要狗来轰赶才会离去，所以一些农家会喂养三五只狗来抵御这些山林中的"不速之客"。

夏日来临时，中高山上的青草开始发芽，羚牛群开始向中高山转移，这时候只有个别迷路的羚牛，会昏头昏脑地跑到平川地带，和人类发生关系。遇到这些羚牛，人躲避它的最好方法就是上树！羚牛有一个特点，冲击时走一条直线，像风一样瞬间刮过，它不喜欢绕圈子，这大概和它的体量庞大有关。身手灵活的人，绕上几个圈子，便会甩掉羚牛。但是许多人见到来势汹汹的羚牛便慌了阵脚，扭身跑直线，这就正中羚牛的下怀。不把对手顶翻在地，羚牛是不会罢休的。所以，此时的人们千万不可慌张，就算羚牛冲过来，轻轻往旁边一闪，就能躲开羚牛的冲击。

那些离山林越来越远的羚牛，脾气会越来越暴躁，它们慌不择路，横冲直撞，希望尽快地回到昔日的家园，可是迷途难返，只能走向不归路，在伤人的同时也把自己的性命葬送了。

夏日是人们踏青的好时候，许多人喜欢呼朋唤友去登山，为了在山林中方便看到对方，许多登山者都喜欢穿着鲜艳的衣服，背着色彩艳丽的背包，例如大红、大黄、天蓝色等等。这些鲜艳的色块在山野中分外惹眼，从很远的地方就能发现，可是在秦岭山区，这些衣服也为登山者埋下了隐患。羚牛和家牛相似，它们对红色非常敏感，那些身穿红色衣服的登山者，不经意间就把自己打扮成了一个斗牛士，他们耀武扬威、大呼小叫地行走在山野中，闯入了羚牛的地盘却浑然不觉。人多势众时，躲在树丛间偷窥的羚牛不敢发起攻击，可是当人们形单影只时，那些好斗的雄性公牛就会突然从树丛中窜出来，如同一个打劫的强盗，瞬间把这些身穿挑衅颜色衣服的登山者顶翻在地。

真正的登山者应该融入山林，让自己成为山林的一部分，也没必要组织那么多的伙伴。三五个人，穿着自然色的衣服，让自己的耳朵聆听鸟鸣声、风声、水流声和野兽在树林中行走发出的声音；让自己的眼睛变得锐利起来，可以发现在树枝间跳跃的鸟儿，可以看见两千米山壁上行走的羚牛，可以看见脚下草丛中潜伏的游蛇，可以看见山谷中稍纵即逝的彩虹。当你融入山林中时，你会突然发现山野接纳了你：当你在大石头上休憩时，你会发现青鼬从石洞里钻了出来，它在小路上轻盈地漫步；你会发现花鼠从太白红杉树上跳到地上，捡拾一两块人们丢下的饼干屑；你会发现戴菊鸟跳到了你的面前，在枝梢顶端捕捉虫子饱腹。自然界的生灵把你当成了伙伴，你和它们一样自由自在，无拘无束地享受着大自然的无限风光。作为一个观察者，羚牛也会给你展现温顺可爱的一面，它们像一群顽皮的孩子，在草甸上、在崖壁上，你追我赶、爬上爬下，精力无限充沛，对世界充满好奇。

秋天来临时，羚牛从高海拔山林向低海拔山林迁徙，如果人们不去山林中游玩或者捡拾野果，那么和羚牛碰上的概率几乎为零。这时候的羚牛三五成群，大摇大摆地行走在昔日的采伐道路上，人们往往在它们的下方，它们会盛气凌人地站在上方，打量到访的人们。如果不是来访者的衣服颜色引起它们的兴趣，它们是懒得追逐这些人的。

而在冬季到来时，羚牛被严寒逼向了低海拔的山林中，它们不希望自己暴露在人们的视野中。在高山草甸上时，无遮无拦地暴露在天地之间，它们不担心自己的安危，因为那里是无人区，天敌也奈何不了大的聚群。可是来到低海拔的山林中，羚牛会意识到自己面临的天敌是强大的人类，它们小心翼翼地躲藏在距离村庄不远的树林中，寻找一些食物果腹，只有在万般无奈的情况下，才会来到村庄边的空地里，寻找农人的庄稼或者蔬菜充饥。在严寒的冬季，羚牛是真正的弱者，它们对严寒疲于应付，有时一些老弱的羚牛甚至跑到农家屋檐下躲避风寒，这些羚牛熬不了多久，就会在风雪之夜中冻死。

在大自然的生物链中，一直是弱肉强食。羚牛虽然体格健硕，长着威风的犄角，但是它依旧是弱者，是掠食者的捕杀对象，只是在目前，因为它们的天敌减少，才让它们在秦岭有了种群复壮的机会。

今天，在秦岭 5 万公顷的密林中，分布着近 5000 只羚牛，一些人说羚牛已经泛滥成灾，这不免有些危言耸听。在大熊猫走廊带建立后，这些走廊也成为羚牛迁徙的通道，种群之间的基因交流，也逐渐顺利地展开。

　　作为秦岭山中的旗舰物种，羚牛不应该沦为流落平川的"牛魔王"，它们应该在人类的呵护下生活得更加美好。当越来越多的人迁出山林，当中低海拔的次生林在人类保护下逐渐恢复原来的模样时，秦岭中低山脉的动物承载量将会增加，人类与羚牛之间的冲突也将趋于缓和。

被人类视为畏途的地方，都是羚牛奔走自如的天堂

雌性羚牛站在高处向四周张望，负责警戒

羚牛从容地站立在岩壁边沿，好像随时都可能向深邃的山谷跳跃而去

峭壁上自由行走的羚牛

秦岭峭壁上羚牛矫健的身影

雾气散去，羚牛可能会突然出现在你的视野

一对羚牛夫妇在峭壁上悠然自得地品尝着鲜嫩的青草

羚牛几乎可以在接近 90 度的峭壁上自由来去

屹立于山顶的羚牛家族

第　　　　五　　　　章

羚牛气节

第一节

道路开拓者

秦岭中段的自然保护区群是羚牛秦岭亚种的主要分布区。日益加强的自然保护措施,为羚牛的繁衍生息提供了优越条件。今天,秦岭南北坡的周至、太白、宁陕、洋县、佛坪、柞水、宁强、凤县、略阳、留坝、勉县、城固、镇安、鄠邑、眉县、蓝田、长安等 17 个县区,都有羚牛分布。

建立于 1979 年的佛坪自然保护区,在建立之初调查得出的羚牛数量为 100 多只,到 1997 年已达 400 多只,2001 年调查时达到 500 余只。如今佛坪连续发现特大的羚牛繁殖群,羚牛数量已经增至 1000 多只。在长青保护区内,如今也有四五百只羚牛栖息繁衍。沿着秦岭中段的山脊线两侧,近 5000 只羚牛在悬崖峭壁间栖息繁衍,它们是秦岭高寒地带的原住民。

由低至高,秦岭山脉上分布着落叶阔叶林、针阔混交林、针叶林和高山草甸灌丛,海拔愈高条件愈加严酷,气候也愈寒冷。可是羚牛并不在乎,林下生长的灌木、幼树、嫩草及一些高大乔木的树皮都是它们的美味佳肴,它们上下往来于群山之中,纵横于悬崖峭壁之间。可以说,只要人类给羚牛足够的生存空间，它们就能在密林中繁衍壮大起来。

　　而且羚牛对环境的适应能力也很强，夏季它们会选择在高山草甸、针阔混交林和灌木林中生活；秋季则喜欢在针叶林、灌木林和竹林中活动；冬春季节则喜欢在落叶阔叶林带生活。秦岭山中有许多未受破坏的天然林，这是羚牛首选的栖息地，那些经过采伐的森林，只要次生林生长较好，羚牛也会将那里变成自己的家园。秦岭的森林是羚牛的庇护所，但同时羚牛也经营着森林，它们取食各种植物，使各种植物都能均衡生存。

　　人都说羚牛有勇无谋，其实此言差矣。羚牛能够成为秦岭山中的优势物种，能够战胜天敌、繁衍壮大种群，除过人类的保护之外，更重要的是它们的生存智慧。它们远离人们居住的中低山地，这样就可以尽可能地避免与人类的正面交锋。来到中高山地带的丛林时，它们借助丛林的掩护，隐藏自己的踪迹；而来到高山地带的悬崖峭壁上觅食时，虽然暴露在天地之间，但那里也异常险峻，它们的天敌——豹子、豺狼等想征服这些天险，也绝非易事。

　　摄影师曾经拍到羚牛在峭壁上品尝鲜嫩的青草，它们用近乎倒立的姿态，屁股朝天头朝下吃着青草。这是一对羚牛夫妇，也许正在热恋期，摄影师搜寻周围的峭壁，没有看见第三只羚牛。它们怡然自得，享受着上天赐予的美味。这对羚牛夫妇先是盘旋而上，从峭壁的中部一直爬到高处，只要一只前蹄踩实，它们就能把庞大的身躯拉升到高处。在峭壁上部吃完嫩草，它们才从峭壁上下来。光洁的花岗岩峭壁上，人脚难以停留，可是羚牛用它们的偶蹄，可以一路滑行，只要前蹄插进石缝间的草丛，就能停住脚步。来到峭壁的凹陷处，它们会毫不犹豫地飞身跃下，在松软的草丛轻微缓冲一下，然后稳稳地站立在峭壁上。而到了近乎 90°的峭壁上，下行时只要有落脚的石棱，羚牛就可以果断落脚下行，会以很快的速度下降到六七米的陡崖下方。这种攀岩绝技，即便是人类的攀岩高手，不借助工具也难以匹敌。

　　一些老猎人说，羚牛的嗅觉很灵敏，它们能够嗅到猎枪散发出的火药味。如果人处在上风向，一点点人的气息和火药的气息，都会让数百米外的羚牛迅速逃离；而人类距离它们近在咫尺时，却表现得镇定自若，仅仅审视片刻，似乎就能够判别到访者的善恶。可能知道摄影师毫无恶意，两只羚牛从对面的峭壁下来，走进灌丛，然后再爬上另一座山崖，顺着灌丛中的一条羊肠小道，向远处的密林走去。它们气定神闲的模样，不像是在人类的眼皮下逃离，而像是在向大家展示它们高超的攀岩技巧。

在秦岭山野中，羚牛是一个不折不扣的开拓者。它们不惧风险，不惧危岩；它们有王者风范，也有谦谦君子的气度。喜欢攀爬秦岭的崇山峻岭的人，总会在不经意间，在悬崖之上，在原始密林的上端，与自由自在的羚牛不期而遇。

秦岭山中有许多花岗岩山峰，华山便是这些山峰的代表。它名列五岳，彪炳史册，但在秦岭山中，还有众多的同类花岗岩山峰，比如牛背梁、鹰嘴峰等。这些壮观的花岗岩地貌少有人知晓，少有人光顾，而这些地方，却都是羚牛的家园。

当摄影师爬上秦岭大梁，目力所及的地方是残存的原始冷杉林。那里的山岩千奇百怪，第四纪冰川削割花岗岩石，将这些山峰变成浑圆状、尖笋状等等，它们壁立千仞，让人望而却步。摄影师在峭壁下绕行多时，爬上峭壁的中端，四望还是此起彼伏的峭壁，在感到自己过于渺小无望征服峭壁的时候，都会看到羚牛。羚牛在对面的峭壁上吃草，它们与人类的直线距离不过二三十米，可是中间隔着数百尺的深谷，不用担心它们会伤害到人类。

在那一刻，人类只能作为羚牛最好的观众，看羚牛表演道路开拓者的绝技。羚牛是秦岭山中的道路开拓者，许多登山路径都是由羚牛最早踩踏出来的。在各个保护区内，都有相对固定的巡山路线，这些路线都是利用羚牛行走的兽径，将一座座山脉环形围绕。保护工作者行走在兽径上，通过目测羚牛及其他动物的活动，来大致推测羚牛等野生动物的种群数量，观察人们保护自然环境的结果。

在许多昔日的森工采伐的林地里，砍倒的林木前还没有长起参天大树，但绿草已经覆盖了那些伤痕累累的山坡，对于这样的生境，羚牛依旧进行了利用。它们在夏日成群结队地来到这些裸露的山坡上，吃着青草，谈情说爱，因为它们知道那些地方被人们抛弃后，人们一时半会儿不可能再回来。只要没人打扰，秦岭昔日的采伐地都能成为羚牛的游牧地，羚牛的这种适应性，让动物保护者感到非常欣慰。"天保工程"实施时，人们在道路、村庄周围都竖立起绵延无尽的铁丝防护栏，这些防护栏客观上保护了森林的恢复生长，但它们对动物迁徙的阻碍作用也是非常明显的。人们不止一次看到铁丝护栏阻止了羚牛行走的脚步，一些想到溪流边喝水的病弱羚牛，眼睁睁地看着溪水却无法喝到，最后这些羚牛就死在了铁丝护栏边。

随着动物保护组织的呼吁，从 2011 年开始，秦岭山中的铁丝护栏开始被有计划地拆除，这些铁篱笆将被重新熔解成铁。铁丝护栏的拆除，宣告着一个被动保护秦岭生态环境的时代的结束。因为人们自信地看到，秦岭山区的绿色版图已经连接成片，沿着秦岭山脊一线，这些秦岭腹地的核心区域已经建立起了 20 多个保护区。保护区之间由天然森林和人工森林建立的走廊带，已经将这些保护区串联起来。人们说秦岭西部地区会成为秦岭大熊猫的一个新乐园，大熊猫因为这些走廊带的建立而将自己的地盘扩散到了秦岭西部。同样，种群扩大的秦岭羚牛，也可以借助这些走廊带，将自己的地盘向秦岭的东西两端扩散，它们甚至可以将自己的脚步踏在秦岭以南的巴山上——比如陕西镇巴县发现的羚牛踪迹就让科学家们兴奋不已，如果那里的羚牛不是个体存在，那么就意味着秦岭羚牛在种群扩大后走上了扩张之路，它们开始向巴山渗透了。这样的动物通道是否存在？因为秦巴山地之间隔着天堑汉江和肥沃的农耕区，如果羚牛找到了这样的通道，那么在秦岭巴山之间，羚牛的迁徙行走也将成为极为壮观的景象。

第二节

不爱笼舍，不惧危岩

　　羚牛秦岭亚种的模式产地是太白山，自从它在 1911 年被外国人托马斯（Thomas）发现并命名后，因为它的珍稀，一直受到国外动物学家的青睐。1984 年，美国动物学家乔治·夏勒博士在四川北部的岷山地区见到了羚牛，他经过一番仔细观察后，把这种动物称为"六不像"：庞大的背脊隆起像棕熊，绷紧的脸部像驼鹿，宽而扁的尾部像山羊，两只角长得像角马，两条倾斜的后腿像斑鬣狗，四肢粗短得像家牛。他的说法，比国人说羚牛是"四不像"更为精准。

　　夏勒博士还说，别看羚牛体形臃肿，在行进时弓腰驼背，步履态老态龙钟，可是羚牛却能跃过 2.4 米高的树梢，或者用前腿、胸膛去对付一根挡在前进道路上的树干，使之弯曲直至折断。夏勒博士说，羚牛能轻而易举地推弯或折断直径为 12 厘米左右的树干。

　　四川羚牛和秦岭羚牛都是中国的特有种，都是世界公认的珍稀濒危动物之一，所以中国政府禁止将羚牛移居到国外的动物园。羚牛在秦岭中段的保有量较大，这让它成为国内许多动物园人工养殖的首选珍稀动物，西安、郑州、上海、北京等地的动物园，都养殖着一些秦岭羚牛。但是这些羚牛在低海拔的平川生活，都存在着这样那样的问题。羚牛是高山动物，它非常怕热，夏季气温接近 30℃时，它们每分钟气喘即达 100 次以上。所以，那些生活在动物园里的羚牛，在夏季都是备受煎熬，在暑热中只能苟延残喘。

西安楼观台珍稀野生动物抢救中心生活着许多从野外抢救回来的羚牛，它们有的是迷路跑到平川地带的羚牛，有的是伤人的"罪犯"，有的是伤残"病号"。这些因不同原因而聚集的羚牛种群，成为国内各大动物园的羚牛种源。野生羚牛在那里失去自由，开始过起牢笼生活。

但抢救中心的羚牛和动物园的羚牛也有所不同，它们身上的野性未泯，从它们的眼神里，依旧能看到旺盛生命力的存在。隔着粗壮的铁栏杆，雄羚牛会向人喷鼻跺脚示威；看到穿红衣服的游客，有些雄羚牛甚至会狠狠撞击铁门，发出可怕的撞击声，把游客吓得连连后退。在楼观台的野生动物抢救中心，雄羚牛与雌羚牛在繁殖期会待在一起，别的时候人们将它们分开，亚成体的羚牛也会分居一处。

在人工环境下出生的羚牛，长期圈养后便会神情木讷、行动缓慢，它们毫无朝气，形容枯槁。长时间不在密林树梢间穿梭，它们的旧毛难掉，如毡片一般长时间挂在身上，看起来很不美观。

最初出现在动物园里的羚牛很是可怜，它来到土质松软的平原之后，昔日被悬崖峭壁磨平的指甲开始疯长起来，那指甲长约一尺，然后从中间裂开，可怜的羚牛无法行走，只能躺在地上，苦挨时日。后来人们将它麻醉后，找来一个修马掌的人帮它修剪了指甲，没想到，这只羚牛竟然因此流血而亡。如果动物园的羚牛笼舍内不做地面硬化处理，那些人工养殖的羚牛都会存在脚指甲变长无法行走的问题。羚牛的类似悲剧为国内众多动物园的羚牛养殖敲响了警钟，后来动物园改善了羚牛的养殖环境。

作为在秦岭山脊上奔走的灵兽，羚牛太需要自由和山野的磨砺，它们真不适合在动物园里当养尊处优的囚犯。人们要欣赏羚牛，完全可以到秦岭山野中去，在那里，羚牛自由自在地来往于峭壁之间，它们神秘莫测地游走于山岚云雾之中，它们用脚步丈量着秦岭的每一个山脊。在人们的惊鸿一瞥中，它们就是秦岭灵异奇特的一种象征。

上天造物，赐予了羚牛两条长而粗壮的前肢、两条短而弯曲的后腿，以及分叉的偶蹄，这些特点让羚牛能够适应高山峭壁的攀爬生活。动物园中的羚牛一定很羡慕秦岭山梁上的那些羚牛，如果它们会说话，肯定会对动物园的管理者说："放我出去，我要回家！"

　　秦岭被人誉为"天然动物园"，如果人们纠正对动物的偏见，加强对动物的了解和保护，也许用不着再去非洲大草原观赏动物，十几年之后，人们就可以在秦岭近距离观赏到各种无拘无束、自由自在的野生动物。在这些动物群落中，羚牛就是最有希望让人近距离观赏的野生动物，它们将用自己的行为，让人们明白动物园无须存在的理由，因为大自然的壮阔舞台，永远胜过动物园的逼仄空间。

　　任何野生动物，当它回归栖息地时，才是最为可爱的生灵。看到羚牛，很多人会想到角马。在非洲大草原生活的角马，数量远比羚牛庞大，它们的保有量达到100多万只，但是非洲人并不担心庞大数量的角马会破坏草原的生态平衡，角马的迁徙被认为是最为壮观的动物迁徙场景之一，它们吸引了全世界的动物爱好者们前去观赏。角马与天敌的较量、角马的生存抗争，让人们震撼，正是这些场景，让人对角马过目难忘，呵护有加。反思秦岭数量并不庞大的羚牛群，却难有角马的关注度，因此需要更多的人参与进来，杜绝将羚牛"妖魔化"，让这些山脊灵兽得到更多的尊重和保护。

斑羚

斑羚

斑羚

泊氏长吻松鼠

泊氏长吻松鼠

附 录： 秦 岭 深 处 羚 牛 的 部 分 伴 生 动 物

藏树兔

赤腹松鼠

毛冠鹿（冬）

毛冠鹿（夏）

灰头小鼯鼠

管鼻蝠 黑背白环蛇

黄脚渔鸮 小麂

小麂 小麂

图书在版编目（ＣＩＰ）数据

羚牛 / 陈旭著. — 北京：世界图书出版公司，
2020.5
（秦岭四宝丛书）
ISBN 978-7-5192-6281-5

Ⅰ. ①羚… Ⅱ. ①陈… Ⅲ. ①羚牛－动物保护－陕西
Ⅳ. ①Q959.842

中国版本图书馆CIP数据核字(2020)第064561号

书　　名　秦岭四宝丛书·羚牛
　　　　　QINLING SIBAO CONGSHU · LINGNIU

著　　者　陈旭
策　　划　西安曲江出版传媒股份有限公司
责任编辑　王冰　王娟
特约编辑　范婷婷　邢美芳　陈泽洲
书籍设计　**XXL Studio** 郑坤＋高文
出　　版　世界图书出版公司
地　　址　北京市东城区朝内大街137号
邮　　编　100010
电　　话　010-64038355（发行）　64037380（客服）　64033507（总编室）
销　　售　新华书店
印　　刷　西安市金雅迪彩色印刷有限公司
开　　本　889mm×1194mm　1/32
印　　张　7
字　　数　102千
版　　次　2020年5月第1版
印　　次　2020年5月第1次印刷
标准书号　ISBN 978-7-5192-6281-5
定　　价　98.00元